BEI GRIN MACHT SICH IHR
WISSEN BEZAHLT

AF149075

- Wir veröffentlichen Ihre Hausarbeit,
  Bachelor- und Masterarbeit

- Ihr eigenes eBook und Buch -
  weltweit in allen wichtigen Shops

- Verdienen Sie an jedem Verkauf

Jetzt bei www.GRIN.com hochladen
und kostenlos publizieren

GRIN :)

Katja Nixdorf

Städtetourismus in Deutschland

GRIN Verlag

Bibliografische Information der Deutschen Nationalbibliothek:

Die Deutsche Bibliothek verzeichnet diese Publikation in der Deutschen National-
bibliografie; detaillierte bibliografische Daten sind im Internet über http://dnb.d-
nb.de/ abrufbar.

Impressum:

Copyright © 2008 GRIN Verlag GmbH
Druck und Bindung: Books on Demand GmbH, Norderstedt Germany
ISBN: 978-3-640-35202-9

Dieses Buch bei GRIN:

http://www.grin.com/de/e-book/128217/staedtetourismus-in-deutschland

GRIN - Your knowledge has value

Der GRIN Verlag publiziert seit 1998 wissenschaftliche Arbeiten von Studenten, Hochschullehrern und anderen Akademikern als eBook und gedrucktes Buch. Die Verlagswebsite www.grin.com ist die ideale Plattform zur Veröffentlichung von Hausarbeiten, Abschlussarbeiten, wissenschaftlichen Aufsätzen, Dissertationen und Fachbüchern.

Besuchen Sie uns im Internet:

http://www.grin.com/

http://www.facebook.com/grincom

http://www.twitter.com/grin_com

TECHNISCHE UNIVERSITÄT CHEMNITZ
Philosophische Fakultät
Professur für Sozial- und Wirtschaftsgeographie
Hauptseminar „Allg. Sozial- und Wirtschaftsgeographie"
WS 07/08

Städtetourismus in Deutschland

- Seminararbeit -

Katja Nixdorf

Diplom-Soziologie, 8. Semester

10.02.2008

Inhaltsverzeichnis

Abbildungsverzeichnis

1.   Einführung

Nach einer sehr dynamischen Entwicklung gehört der Städtetourismus mittlerweile zu einem der wichtigsten Marktsegmente des Tourismus in Deutschland. Bis in die 1990er Jahre hinein reisten die Menschen fast ausschließlich aus geschäftlichen Gründen, um Verwandte und Freunde zu besuchen oder um Städte mit besonderer Kultur bzw. bedeutender historischer Architektur (z.b. Paris oder Wien) zu besichtigen. Heute gibt es eine Vielzahl von Angeboten, die zu einer Kurzreise in eine Stadt einladen, wie z.b. zahlreiche Shoppingmöglichkeiten, Musicals oder auch spezielle Events in den Bereichen Kultur und Sport (vgl. Landgrebe/Schnell 2005: 7).

Es gibt viele verschiedene Definitionsansätze, jedoch existiert keine allgemein anerkannte Definition des Städtetourismus, die zum einen die verschiedenen Typen von Städten behandelt und zum anderen den Städtetourismus von weiteren Reiseformen exakt in räumlicher und zeitlicher Hinsicht sowie nach Motiven abgrenzt. Häufig wurde bislang bei „dem" Städtetourismus der klassische, besichtigungs- und kulturbezogene Übernachtungstourismus analysiert. Die Welttourismusorganisation (WTO) definiert „Städtereisen als gezielte Reisen in Städte und der Aufenthalt von Personen in Städten, die nicht ihr gewöhnlicher Wohn- oder Arbeitsort sind. Motivation dazu sind Freizeitgestaltung, Geschäfte oder sonstige Beweggründe. Die übliche Dauer von Städtereisen liegt dabei zwischen einem und vier Tagen" (zitiert nach Dettmer in Altherr et al. 2003: 46). Für gewöhnlich spricht man von Städtetourismus bei Großstädten mit über einhunderttausend Einwohnern, darüber hinaus sind aber auch viele kleinere Städte von großer Bedeutung für den Deutschlandtourismus (z.B. Trier, Weimar, etc.) (vgl. IfL 2004: 108).

Städte sind besonderes attraktiv auf Grund ihrer Multifunktionalität, d.h. sie bieten sowohl Geschäftsreisenden hervorragende Bedingungen ihre Konferenzen und Tagungen durchzuführen, als auch Kurzurlaubern die Möglichkeit Kultur zu entdecken, Erholung zu finden oder die Zeit mit einem ausgedehnten Shoppingtrip zu verbringen (vgl. IfL 2004: 108). Daraus ergeben sich im Groben zwei Typen des Städtetourismus, die Geschäftsreisen und die privaten Städtereisen.

In der vorliegenden Arbeit soll zunächst ein kurzer Überblick über die Entwicklung der Geschäftsreisen gegeben werden, um anschließend ausführlicher die verschiedenen Aspekte der Privatreisen und ihre Bedeutung für die Städte näher zu betrachten. Darunter fallen die Charakteristik der Reisenden, der Tages- und Übernachtungstourismus, der Ausländertourismus, die besondere Bedeutung von Events, sowie der wirtschaftliche Aspekt und das Tourismusmarketing der Städte.

2.   Geschäftsreiseziel Stadt

Geschäftsreisen werden definiert (vgl. IfL 2004: 110) als Reisen, die aus dienstlichen Gründen von Selbstständigen oder Arbeitnehmern durchgeführt werden, in der Regel auf nur wenige Tage begrenzt, aber mit einem relativ hohen Ausgabevolumen verbunden sind. Darunter zählen z.B. Besuche von Kongressen, Tagungen, Konferenzen, Seminaren und Messen. Sie werden in der Regel in folgende vier Segmente aufgeteilt: Geschäfts- und Dienstreisen, Messe- und Ausstellungsreisen, Kongressreisen und so genannte Incentive-Reisen. Letztgenannte stellen Belohnungsreisen zur Motivation der Mitarbeiter eines Unternehmens dar.

Der Verband Deutsches Reisemanagement e.V. (VDR) schätzt, dass die deutsche Wirtschaft im Jahr 2006 rund 158 Millionen Geschäftsreisen mit einem Reisekostenvolumen von rund 47 Milliarden Euro unternommen hat. Das entspricht etwa 148 Euro pro Geschäftsreisenden und Tag. Außerdem unternahm demnach etwa jeder dritte Beschäftigte in dem Jahr mindestens eine Geschäftsreise. Die folgende Abbildung zeigt die Entwicklung der Geschäftsreisen von 2003 bis 2006. Demzufolge ist die Zahl der Dienstreisen innerhalb von drei Jahren um über zehn Millionen gestiegen.

Abb. 1 – Anzahl der Geschäftsreisen 2003 – 2006

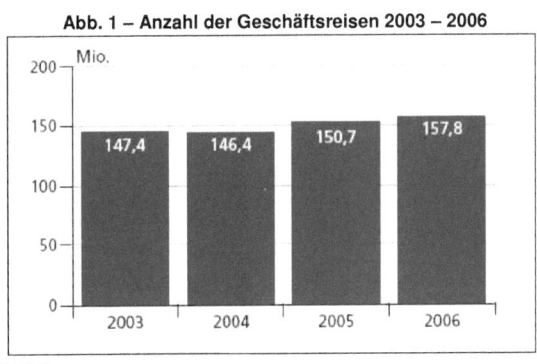

Quelle: VDR 2007, S. 5.

5

Gründe für diese rasante Entwicklung sind zum einen die steigende Konjunktur seit 2005 und die zunehmende Mobilitätsbereitschaft der Arbeitnehmer, zum anderen aber auch die Zunahme von Schulungen, Messen und Tagungen (vgl. VDR 2007: 3). Geschäftsreisen führen am häufigsten in Großstädte, auf Grund ihrer vorteilhaften Standortfaktoren für sämtliche Einrichtungen und Veranstaltungen, die bei dieser Art von Reisen wichtig sind. Dabei haben folgende harte und weiche Standortfaktoren den größten Einfluss auf das Geschäftsreiseziel: Zum einen sind es die Lage und Verkehrsanbindung der Stadt, Sitze bedeutender Institutionen und Wirtschaftsunternehmen, das Vorhandensein moderner Tagungseinrichtungen, ein ausreichendes Beherbergungsangebot, etc. Zum anderen prägen aber auch besonders das Image der Stadt, touristische Attraktionen, Kultur- und Unterhaltungsangebote, sowie Einkaufsmöglichkeiten etc. die Entscheidung. Denn gerade diese ‚weichen' Faktoren bilden die Eckpunkte einer erfolgreichen Geschäftsveranstaltung. Und vor allem bei mehrtägigen Geschäftsreisen ist ein kulturelles Rahmenprogramm vor oder nach den Konferenzen zur Besichtigung der Stadt u.ä. vorgesehen und auch bedeutend für ein gesundes Klima innerhalb der Gruppe von Kollegen (vgl. IfL 2004: 111).

Wie man der Abbildung 2 entnehmen kann, dominiert bei den Geschäftsreisen der Tagesgeschäftsreiseverkehr zunehmend mit knapp fünfzig Prozent und die Zahl der Aufenthalte mit sechs oder mehr Tagen hat sich seit 2003 mehr als halbiert.

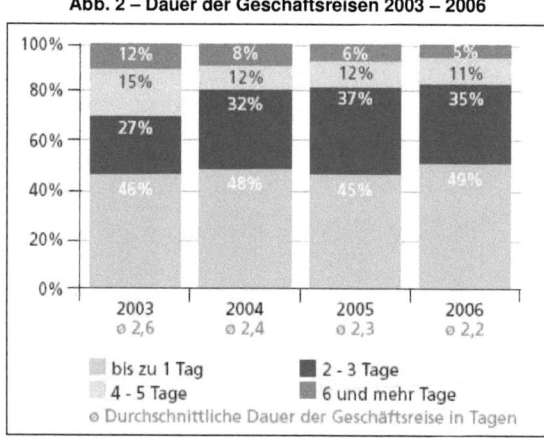

Abb. 2 – Dauer der Geschäftsreisen 2003 – 2006

Quelle: VDR 2007, S. 6.

6

Insgesamt bestehen etwa vier Fünftel aller Geschäftsreisen nur aus drei oder weniger Tagen. Die durchschnittliche Dauer verringerte sich in den betrachteten vier Jahren von 2,6 auf 2,2 Tage. Dies entspricht dem Trend zu allgemein kürzeren Aufenthalten in den Städten. Dafür werden bei einer guten Auftragslage des Unternehmens durchaus auch mehrere Geschäftsreisen im Jahr durchgeführt bzw. mehr Mitarbeiter als im Vorjahr auf Reisen geschickt (vgl. VDR 2007: 10).

3. Touristisches Zielgebiet Stadt

Seit etwa Mitte der 1970er Jahre entwickelt sich der Städtetourismus sehr dynamisch und erlebt nach einer Stagnationsphase Mitte der 1990er wieder deutliche Zuwachsraten. Zum Vergleich: Im Jahr 1983 planten nur 14,9% der Deutschen eine Städtereise, 1995 taten dies schon 39,5% (vgl. IfL 2004: 108). Den deutschen Städten ist es in den letzten Jahren verstärkt gelungen, durch attraktive und neue Kultur-, Event-, Unterhaltungs-, Freizeit-, Shopping- und weiteren Angeboten Besucher aus dem In- und Ausland anzuziehen und den Wachstumsmarkt Städte- und Kulturtourismus zu erschließen. Anhand der dritten Abbildung wird diese Entwicklung sehr gut nachvollziehbar:

Abb. 3 – Entwicklung im deutschen Städtetourismus 1993 – 2005

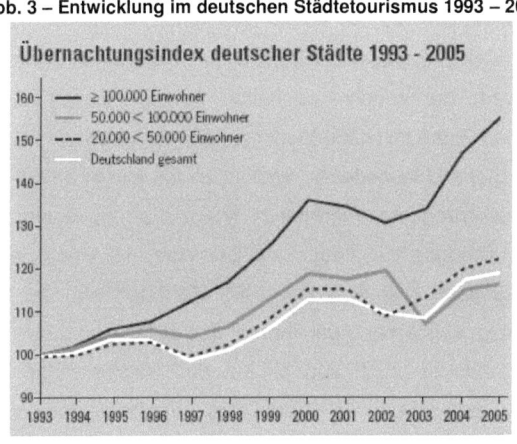

Quelle: DTV 2006a, S. 6

Zwischen 1993 und 2005 stieg die Zahl der Ankünfte in den Städten um 58%, die Zahl der Übernachtungen um 40% (siehe hierzu auch Abb. 5, S. 10). Damit liegen die Städte weit über dem deutschen Durchschnitt (Ankünfte +14%, Übernachtungen +11,5%). An erster Stelle gewinnen die Großstädte und insbesondere die „Top 12" an der steigenden Nachfrage und konnten insbesondere neue Besucher anlocken.

Die so genannten „Top 12" sind multifunktionale Großstädte mit internationaler Bedeutung. Es sind Städte mit rund 500.000 Einwohnern und mehr, mit deutlich über einer Million Übernachtungen im Jahr und mit einem internationalen Flughafen. Sie stellen einen wichtigen Universitäts- und Messestandort dar und besitzen ein umfangreiches Tagungs- und Kongressangebot, sowie mindestens ein überregional bedeutsames Kulturangebot. Zu den „Top 12"-Städten gehören Berlin, Hamburg, München, Köln, Frankfurt am Main, Stuttgart, Düsseldorf, Bremen, Hannover, Leipzig, Nürnberg und Dresden (vgl. DTV 2006a: 5f).

Doch auch viele Tagungsstädte, ‚kleinere Kulturstädte' (Städte mit 25.000 bis 100.000 Einwohnern und bedeutenden kulturhistorischen Sehenswürdigkeiten) und ostdeutsche Städte konnten weit überdurchschnittliche Anstiege für sich verbuchen. Die Nachfrageentwicklung in den mittelgroßen (bis 100.000 Einwohner) und kleineren (bis 50.000 Einwohner) Städten verlief weitaus weniger dynamisch, immerhin liegen die Werte vieler Städte aber trotzdem noch über dem gesamtdeutschen Durchschnitt (vgl. DTV 2006a: 6). Schaut man sich die dazuge-hörigen Aufenthaltsdauern an, die tendenziell immer kürzer werden, ist dies eine eindrucksvolle Entwicklung, „da deutlich mehr Gäste gewonnen werden müssen, um nicht nur das Niveau der Vorjahre zu halten, sondern dieses zu erhöhen" (DTV 2006a: 6). Für jenen Boom im Städtetourismus gibt es verschiedene Ursachen: Zum einen die angestiegene Urlaubsdauer, verbunden mit einem erhöhtem Einkommen, welches der Bevölkerung einen größeren finanziellen Spielraum gibt. Und zum anderen geht die Tendenz zur Zweit- und Drittreise, mit einem starken Trend zu Kurz- und Erlebnisreisen (vgl. IfL 2004: 108). Gefördert wird der Städtetourismus ebenfalls durch das verstärkte Aufkommen der Billigflieger, die mit ihren Flug-angeboten unter anderem auch speziell auf das Segment des Städtetourismus abzielen und die Entwicklung in diese Richtung direkt beeinflussen, da die Reisenden schnell und kostengünstig dem Alltag entfliehen können.

3.1 Charakteristik der Reisenden

Auch die Struktur der Gäste verändert sich. Städtereisende sind längst nicht mehr nur „klassische Besichtigungstouristen", sie haben inzwischen sehr viel spezifischere Reiseinteressen. Dabei steht der Verwandten-/ Bekanntenbesuch an erster Stelle, gefolgt von dem Wunsch nach Abwechslung und Zeit mit dem Partner bzw. der Familie zu verbringen. Allgemeinen Nachfragetrends entsprechend, werden die Besucher zunehmend qualitäts-, aber auch preisbewusster und spontaner in ihren Reiseentscheidungen. Sie halten sich aber nur relativ kurz in den Städten auf (durchschnittlich zwei Tage) und generell gilt, dass sich ausländische Urlauber länger in den Städten aufhalten als deutsche. Städtetouristen zeichnen sich durch eine ausgewogene Alterstruktur aus und haben – gegenüber anderen Urlaubsreisenden – meist höhere Einkommen und qualifiziertere Bildungsabschlüsse. Außerdem ver-reisen sie öfter als andere und nutzen häufiger das Internet als Informations- und Buchungsmedium (vgl. DTV 2006a: 9).

Je nach Städteziel und Segment variiert die Kundenstruktur. Am Beispiel unter-schiedlicher Segmente des privaten Städtetourismus werden die Besonderheiten deutlich:

Abb. 4 – Kundenstrukturen

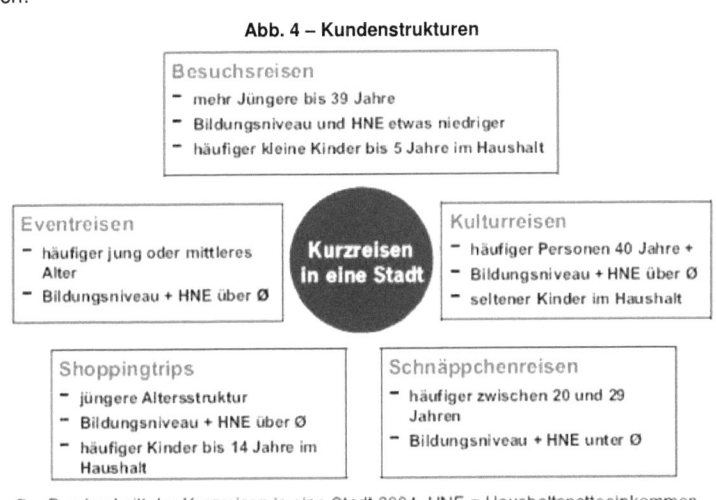

Ø = Durchschnitt der Kurzreisen in eine Stadt 2004, HNE = Haushaltsnettoeinkommen

Quelle: DTV 2006b, S. 46

Dieser Vielzahl an Zielgruppen mit ihren verschiedenen Anlässen und Kundenstrukturen „muss ein strategisches städtetouristisches Marketing unter Ansprache
verschiedener Arten von Besuchern – z.B. Event-, Kultur-, Shoppingtouristen, Ver-
wandten-/ Bekanntenbesucher, Themen-Kombinationen, günstige Paketangebote –
gerecht werden" (DTV 2006a: 9).

3.2 Übernachtungstourismus

Insgesamt registrierten die in der Studie des DTV betrachteten Städte im Jahr 2005
über 108 Millionen Übernachtungen. Damit haben die Städte einen Anteil von 33%
an allen Übernachtungen in Deutschland (322,3 Mio.). Nach Städtetypen aufge-
gliedert, ergibt sich die nachstehende Verteilung:

Abb. 5 – Übernachtungen in deutschen Städten 2005

Städtetyp	Übernachtungen 2005 in Mio.	Anteil an allen ÜN in %	ÜN-Entwicklung 2005 ggü. 1993 in %	Entwicklung der Ankünfte 2005 ggü. 1993 in %
Alle Städte	108,51	100,0	+ 40,2	+ 57,6
Großstädte	81,46	75,1	+ 52,7	+ 64,3
Mittelgroße Städte	13,65	12,6	+ 14,4	+ 34,2
Kleinere Städte	13,40	12,3	+ 14,2	+ 47,4
Top 12	52,39	48,2	+ 67,1	+ 75,0
Tagungsstädte	20,62	19,0	+ 30,2	+ 46,1
Kleinere Kulturstädte	9,53	8,8	+ 38,4	+ 43,3

Gewerbliche Übernachtungen ohne Camping
Quelle: DTV 2006b, S. 22

Das größte Übernachtungsvolumen haben die Großstädte mit einem Anteil von 75%
an den Übernachtungen aller betrachteten Städte. Allein die „Top 12" verbuchen fast
die Hälfte aller Übernachtungen in den Städten. Die mittelgroßen und kleineren
Städte haben mit rund zwölf Prozent nahezu gleiche Teile. Der Anteil der
‚Tagungsstädte' beträgt neunzehn Prozent.
Die Nachfrage im Städtetourismus ist nach wie vor groß und weiter wachsend.
Entscheidend sind die Großstädte und hier vor allem die „Top 12", die im Jahr 2005
im Vergleich zu 1993 eine überdurchschnittliche Zunahme von 75% bei den
Ankünften und 67% bei den Übernachtungen für sich verbuchen konnten. Städte wie
Dresden, Leipzig, Berlin und Stuttgart legten besonders stark zu. Die ‚kleineren

Kulturstädte' entwickelten sich mit einem Plus von gut 43% bei den Ankünften und 38% bei den Übernachtungen nahezu gleich. Hier wurden speziell Städte wie Görlitz und Meißen mit einer außerordentlich positiven Entwicklung genannt. Und insbesondere die ostdeutschen Städte konnten in den letzten zwölf Jahren bei den Übernachtungen die größten Zuwächse verzeichnen. Dies wird auch mit einem starken Kapazitätsausbau, bezüglich der Betriebe und der Bettenzahl, in diesen Städten begründet (vgl. DTV 2006b: 22ff).

3.3 Tagestourismus

Der Tagestourismus ist für den Städtetourismus in Deutschland von außerordentlich hoher Bedeutung. Sein Marktanteil liegt bei rund 60%. Im Jahr 2004 führten von den insgesamt rund 3,2 Milliarden in und nach Deutschland unternommenen Tagesreisen mehr als 1,9 Milliarden Aufenthalte in die deutschen Tourismusstädte. Hierbei nehmen die Großstädte eine überragende Stellung ein: Die Hälfte aller Tagesausflügler in Deutschland reisen in Großstädte und weitere zehn Prozent in touristisch geprägte mittelgroße und kleinere Städte (vgl. DTV 2006b: 28). Damit ist der Tagestourismus gegenüber dem Übernachtungstourismus das quantitativ erheblich größere Segment (siehe hierzu auch Abb. 9, S. 15).

Bei den Tagesreisen in die Städte sind es nicht an erster Stelle Besichtigungen bzw. klassisches ‚Sightseeing', was die Menschen in die Städte zieht, sondern vor allem der Besuch von Freunden, Bekannten und Verwandten, wie die folgende Abbildung unabhängig von der Stadtgröße zeigt:

Abb. 6 – Verteilung der Tagesausflüge 2004

Hauptanlass	Ziel Städte insgesamt in %	Ziel Großstädte in %	Ziel mittelgroße und kleinere Städte in %	Ø-Wert über alle Tagesausflüge in %
Verwandten-/Bekanntenbesuch	33,9	34,1	32,5	33,1
Shopping	15,3	16,3	11,1	10,6
Veranstaltungsbesuch	14,2	14,9	11,1	12,1
Ausübung einer speziellen Aktivität (Sport / Gesundheit / Freizeit)	13,9	12,1	22,1	20,9
Besuch von Sehenswürdigkeiten / Attraktionen	8,3	8,6	7,0	7,1
Spazierfahrt	6,4	5,9	8,5	8,0
Gastronomiebesuch	6,4	6,4	6,3	6,2
Organisierte Fahrt	1,6	1,7	1,4	2,0
Gesamt	**100,0**	**100,0**	**100,0**	**100,0**

Quelle: DTV 2006b, S. 33

Auch das überdurchschnittliche Shopping- und Veranstaltungsangebot zeichnet die Städte aus und wurde mit rund fünfzehn bzw. vierzehn Prozent als zweit-/ dritthäufigster Anlass zur Städtereise genannt. Auffällig ist, dass mehr als ein Fünftel (22,1%) der Reisenden die Ausübung einer speziellen Aktivität aus den Bereichen Sport, Gesundheit und Freizeit als Hauptgrund sieht, um einen Ausflug in eine mittelgroße oder kleinere Stadt zu unternehmen. Der eigentliche Besuch von Sehenswürdigkeiten der Stadt rangiert in der Auflistung lediglich auf Platz fünf.

3.4 Ausländertourismus

In den letzten Jahren hat der Ausländertourismus in einem beträchtlichen Ausmaß zur positiven Nachfrageentwicklung in den deutschen Städten beigetragen. Zwischen 1993 und 2005 haben die Übernachtungen ausländischer Gäste in Deutschland um etwa 45% zugenommen, in den Städten ist die Zahl sogar um 62% gewachsen. Damit sind die Ausländerübernachtungen wesentlich stärker gestiegen als die Inländerübernachtungen und man kann auch künftig hohe Zuwächse aus diesem Segment zu erwarten (vgl. DTV 2006b: 25).

Insbesondere die Großstädte (und natürlich die ‚Top 12') profitieren von der steigenden Nachfrage – im Jahr 2005 verbrachten 86,4% der ausländischen Über- nachtungsgäste in einer Großstadt. Aber auch die Tagungsstädte können auf Grund ihrer meist internationalen Besucher einen überdurchschnittlich hohen Anteil von knapp 17% an Ausländerübernachtungen für sich verzeichnen:

Abb. 7 – Ausländerübernachtungen in deutschen Städten 2005

Städtetyp	Ausländerübernachtungen 2005 in Mio.	Anteil an allen Ausländerübernachtungen 2005 in %
Alle Städte	27,57	100,0
Großstädte	23,83	86,4
Mittelgroße Städte	2,11	7,7
Kleinere Städte	1,63	5,9
Top 12	17,5	63,4
Tagungsstädte	4,58	16,6
Kleinere Kulturstädte	1,37	5,0

Quelle: DTV 2006b, S. 26

Betrachtet man die Herkunftsländer der ausländischen Gäste, so waren es im Jahr 2006 zum größten Teil niederländische Touristen (8,8 Mio. Übernachtungen), die Deutschland besuchten. Gefolgt von den US-Amerikanern und Engländern (4,7 und 4,5 Mio. Übernachtungen) und weiteren europäischen Gästen (aus der Schweiz, Italien, Belgien, Frankreich, etc.), erst auf Rang 12 erscheint ein weiteres nichteuropäisches Land – Japan – mit rund 1,4 Millionen Übernachtungen in Deutschland (vgl. DZT 2007: 12). Die Verteilung der internationalen Gäste auf die einzelnen Bundesländer im Jahr 2007 kann man der folgenden Abbildung entnehmen:

Abb. 8 – Ausländerübernachtungen 2007 in Deutschland nach Bundesländern

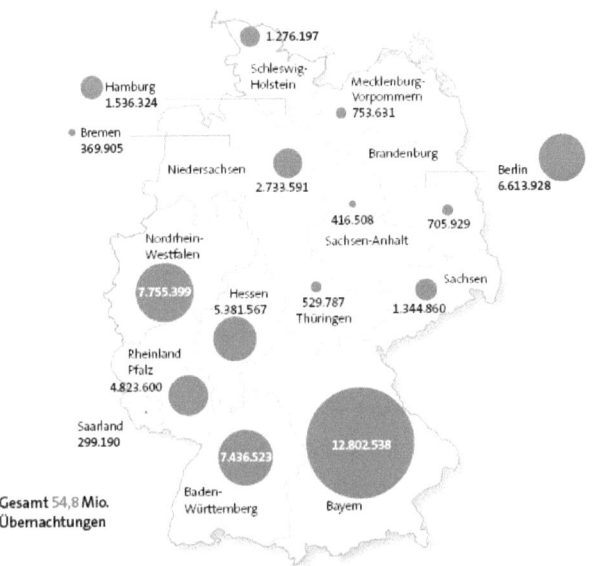

Quelle: DZT (2008), S. 9

„Das große Interesse ausländischer Besucher an Deutschlandreisen unterstreicht auch die Tatsache, dass Deutschland als Kulturreiseziel bei den Europäern weltweit auf Platz drei, hinter Frankreich und Italien, liegt" (DTV 2006b: 25). Gestützt wird dies auch durch die Rangfolge der Reiseinhalte europäischer Touristen, so liegen das Sightseeing und das Besichtigen von historischen Sehenswürdigkeiten, sowie das Genießen der Atmosphäre deutscher Städte auf den vordersten Plätzen, gefolgt vom Shoppingerlebnis und dem Besuch gastronomischer Einrichtungen (vgl. DZT 2008: 16).

3.5 Events

Eine bedeutende Rolle im privaten Städtetourismus nimmt der Eventtourismus ein. Kulturelle Großveranstaltungen aus den Bereichen Musik, darstellende Kunst, Theater oder Religion sind in den letzten Jahren immer mehr zu Publikumsmagneten geworden. Events werden als „speziell inszenierte Veranstaltungen von begrenzter Dauer mit touristischer Ausstrahlung" (IfL 2004: 111) abgegrenzt, „die in erster Linie entwickelt werden, um Bewusstsein, Anziehungskraft und Rentabilitätsverhältnisse eines touristischen Zielgebietes kurz- oder langfristig zu erhöhen" (zitiert nach Ritchie in Altherr et al. 2003: 57). Sie müssen aber nicht ausschließlich in Städten stattfinden. Veranstaltungen wie z.b. große Musikfestivals, wie ‚Rock am Ring', sind nicht an das Versorgungsnetz einer Stadt gebunden, da sie selbst die Möglichkeiten besitzen eine entsprechende Infrastruktur mobil und kurzfristig einzurichten. Events definieren sich ebenfalls über hohe Teilnehmerzahlen, erhebliche Investitions- und Veranstaltungskosten, einen großen Organisationsaufwand und eine überlokale Öffentlichkeitswirksamkeit (vgl. IfL 2004: 111).

Events werden in letzter Zeit vermehrt zum Anlass einer Kurzreise genommen und sind deshalb auch von enormer wirtschaftlicher Bedeutung für die Großstädte, die im Bereich der Kurzreiseziele führend sind (vgl. Altherr et al. 2003: 57). Auf diesen neuen Trend zu Event- (Kurz)reisen haben die Städte bereits mit einer gestiegenen Zahl an arrangierten Events sowie mit einer immer aufwendigeren und eindrucksvolleren Durchführung dieser reagiert. Mit Hilfe jener Events soll über ihre Popularität zunehmend ein eigenes Profil der Städte herausgestellt und ihr Image angehoben werden. Für einige Städte sind solche Großveranstaltungen sogar zentrale Imagefaktoren (z.b. Kassel – documenta, Bayreuth – Richard-Wagner-Festspiele), die zu einer Attraktivitätssteigerung der Stadt führen. Sie basiert auf Multiplikatoreffekten und auf Synergieeffekten (Verbundeffekte) durch die Veranstaltung, d.h. durch den Event profitieren zum einen die verschiedenen lokalen Wirtschaftsunternehmen und durch das Zusammenwirken der wirtschaftlichen, sozialen und kulturellen Kompetenzen zum anderen letztendlich auch die Region durch eine positive Stadt- und Regionalentwicklung. Denn durch die Bekanntheit eines Großevents werden sowohl private wie auch öffentliche Investoren in die Stadt bzw. in die Region gezogen, weil eben auch die Besucher und Touristen ein bedeutendes Potenzial für alle weiteren Einrichtungen einer Stadt darstellen. Darüber hinaus kommt die Schaffung und der

Ausbau von Infrastrukturen im Rahmen der Veranstaltung, die später auch für andere Zwecke genutzt werden können. Aber natürlich existieren hierbei auch negative Effekte: Auf dem Gebiet der Investitionen besteht hauptsächlich das Risiko Überkapazitäten zu schaffen, die nach (oder zwischen regelmäßigen) Events nur unzureichend genutzt werden. Belastungen können auch durch die begrenzte zeitliche Dauer der Veranstaltung auf Grund eines erhöhten temporären Besucheraufkommens (Überlastung von Verkehrswegen, Grünflächen, etc.) auftreten. Auch muss mit negativen ökologischen Auswirkungen durch bauliche Maßnahmen, mit einer erhöhten Verkehrsdichte während der Veranstaltung, einem hohen Abfallaufkommen und mit Lärmbelästigung und dem entsprechenden Unmut von Anwohnern gerechnet werden (IfL 2004: 111).

3.6 Wirtschaftsfaktor

Trotz seiner beachtlichen Entwicklung in den letzten Jahren wird der größte Teil des Tagestourismus in seiner wirtschaftlichen Bedeutung noch immer unterschätzt: 87% (1,9 Mrd. Aufenthaltstage) des Tourismusaufkommens in den Städten sind den Tagesreisen zuzurechnen und dagegen nur 13% (290 Mio.) dem Übernachtungstourismus (vgl. DTV 2006b: 51). Gerade auch das Segment der Verwandten- und Bekanntenbesuche wird häufig vor allem in einwohnerstarken Großstädten unterbewertet, da es in keiner Statistik auftaucht und nur unzureichend über Haushaltsbefragungen beschrieben werden kann. Dabei ergeben sich grobe Schwankungen: Für Berlin werden bspw. 28,5 Millionen Übernachtungen durch Verwandten-/ Bekanntenbesucher angegeben, für München ,nur' 9,8 Millionen (vgl. Landgrebe/ Schnell: 21). Umgerechnet auf die Brutto-Umsätze ergeben sich für den gesamtdeutschen Städtetourismus für das Jahr 2004 folgende Werte:

Abb. 9 – Umsatz im deutschen Städtetourismus 2004

	Brutto-Umsatz Mrd. €
Übernachtungstourismus gewerblich (inkl. Camping)	14,17
Verwandten- / Bekanntenbesuche	6,05
Tagesgeschäftsreisen	11,41
Tagesausflüge	50,74
Gesamt	**82,37**

Pie chart segments: 17%, 7%, 14%, 62%

Quelle: DTV 2006b, S. 54

Die Tagesausflüge können fast zwei Drittel (50,74 Mrd. Euro) des Gesamtumsatzes von gut 82 Milliarden Euro für sich verbuchen. Mit einem deutlichen Abstand stehen ihnen der Übernachtungstourismus (14,17 Mrd. Euro) und die Tagesgeschäftsreisen (11,41 Mrd. Euro) nach.

Aus den Umsätzen im Städtetourismus ziehen ganz unterschiedliche Wirtschaftszweige und bei weitem nicht nur fremdenverkehrsbezogene Branchen im engsten Sinne ihren Nutzen: Hauptprofiteure des Städtetourismus sind natürlich der Einzelhandel (41 Mrd. Euro) und der gastronomische Bereich (24 Mrd. Euro). Das Freizeit- und Unterhaltungsgewerbe (inkl. Kultur-, Sportanbieter, Bäder, etc.) erwirtschaftet Umsätze von rund sechs Milliarden Euro, ebenso wie das Beherbergungsgewerbe. Der Bereich der sonstigen Dienstleistungen (z.b. lokales Transportgewerbe, Parkhäuser, etc.) profitiert von weiteren 4,8 Milliarden Euro (vgl. DTV 2006b: 55).

3.7   Tourismusmarketing in den Städten

Eine Stadt wendet sich mit ihrem Tourismusmarketing „an auswärtige Besucher, sei es an übernachtende oder an Tagesbesucher, und versucht, sie zu einem vorübergehenden Besuch und Aufenthalt in der Stadt zu gewinnen" (Landgrebe/ Schnell 2005: 35).

Nachdem der Trend der Städtereisen allmählich erkannt wurde, begannen auch die Städte Mitte der 1980er Jahre ihre Tourismusförderung zu intensivieren und weiter auszubauen. Dies unterstützte außerdem die städtebauliche Erneuerung nach dem Städtebauförderungsgesetz beginnend in den 1970er Jahren, „die mit Maßnahmen zur Sanierung historischer Stadtkerne, zur Durchgrünung und zur Verkehrsberuhigung eine Attraktivitätssteigerung der Städte zur Folge hatte" (IfL 2004: 111). Auch durch die Konkurrenz der Städte untereinander um Freizeiteinrichtungen, Finanzmittel, Einwohner und Touristen kommt es zur Attraktivitätssteigerung, aber vor allem zur Herausbildung eines Profils, das die jeweilige Stadt von anderen Städten unverkennbar unterscheiden soll. Dies erfolgt anhand von Spezialisierungen auf bestimmte Marktsegmente sowie einer gezielten Vermarktung, u.a. in Form von einprägsamen Slogans (vgl. IfL 2004: 111). Schaut man sich die Ankunfts- und Übernachtungszahlen deutscher Großstädte an, wird deutlich, dass die fünf größten Städte (Berlin, Hamburg, Köln, München und Frankfurt am Main) die meisten Besucher anziehen. Aber auch Düsseldorf, Stuttgart, Nürnberg und Dresden besitzen einen hohen Zulauf. Dies sind alles Städte mit sehr unterschiedlichen Image- und Angebotsschwerpunkten (vgl. IfL 2004: 111). Die nachstehende Abbildung zeigt die Schwerpunktsetzung einiger Großstädte im Hinblick auf Kultur, Regionalität, Historie oder auch Internationalität auf:

Abb. 10 – Stadt-Profile

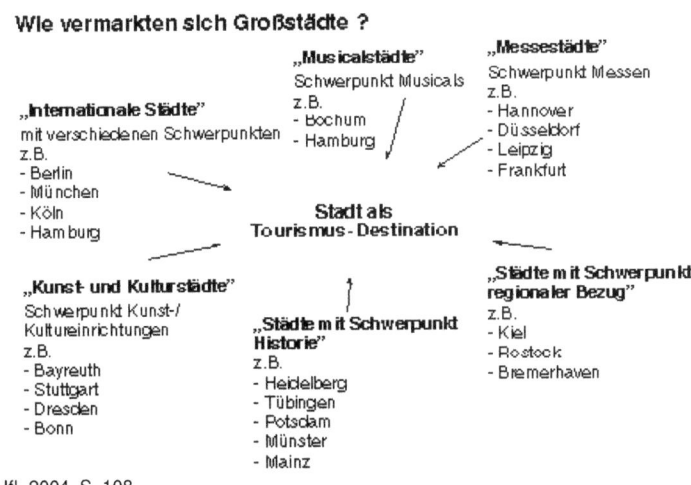

Quelle: IfL 2004, S. 108

Zur erfolgreichen Vermarktung des „Produkts" Städtereise gehören viele Aspekte: die Verkehrsanbindung, das Stadtbild, das Angebot an Unterkünften, Gastronomie-, Kultur-, Freizeit- und Shoppingangebote, sowie Ausflugsmöglichkeiten (vgl. DTV 2006a: 13). Da sich in den letzten Jahren die Rahmenbedingungen deutlich verändert haben (zunehmender Wettbewerb, Wandel der Zielgruppen, steigende Ansprüche der Gäste, geringere öffentliche Mittel etc.) ergeben sich neue Anforderungen an das Tourismusmarketing der Städte, an deren Organisation und Finanzierung. Die Städte wollen sich nun nicht mehr als „Ganzes" vermarkten, sondern durch eine zunehmende Themenvielfalt die verschiedensten Zielgruppen direkt ansprechen (vgl. DTV 2006a: 14). Die folgende Übersicht soll diese Fülle an Themengebieten, denen heute und für die zukünftige Tourismusentwicklung eine hohe Bedeutung zugeschrieben werden soll, darstellen:

Abb. 11 – Themen und Zielgruppen im Tourismusmarketing deutscher Städte

Sehr hohe/hohe heutige Bedeutung	%	Künftig stärkere Vermarktung	%
1. Tagestourismus	84	1. Tagungen/Kongresse	47
2. Kunst-/Kulturtourismus	79	2. Internationaler Tourismus	35
3. Senioren/50+	73	2. Radtourismus	35
4. Historie/Geschichte	68	4. Kunst-/Kulturtourismus	33
5. Allg. Geschäftstourismus	62	5. Tagestourismus	29
6. Eventtourismus	61	5. Senioren/50+	29
7. Tagungen/Kongresse	60	7. Shoppingtourismus	25
8. Radtourismus	55	8. Eventtourismus	23
9. Internationaler Tourismus	54	8. Gesundheit/Wellness	23
10. Verwandten-/		10. Wassertourismus	22
Bekanntenbesucher	46	10. Incentives	22

1 – 10 = Rangfolge

Quelle: DTV 2006a, S. 14

Großstädte setzen in Zukunft weiterhin primär auf Tagestourismus, Kunst- und Kulturtourismus sowie auf Tagungen und Kongresse. Die kleineren Städte konzentrieren sich daneben auch verstärkt auf Nischenangebote, z.B. für Rad- und Wassertouristen, für Golfer oder auch für gesundheits- bzw. wellnessinteressierte Gäste und bieten unterschiedlichste Kombinationen dieser Themen an. Der ‚klassische' Besichtigungstourismus wird nicht mehr in den Mittelpunkt des künftigen städtetouristischen Marketings gestellt, im Fokus steht vielmehr eine mehrdimensionale Zielgruppenansprache (vgl. DTV 2006a: 14). Angesichts der differenzierten Charakteristik der Städtereisenden, wie unter Punkt 3.1 erläutert, ist dies eine angemessene Strategie um möglichst eine breite Masse an Touristen in die Stadt zu ziehen.

Derzeit gibt es bei der Organisationsform des Tourismusmarketings einen Trend hin zu privaten Rechtsformen, die Mehrheit der Tourismusmarketingorganisationen (TMO) ist jedoch immer noch städtisch bzw. öffentlich geprägt. 48% der befragten TMO in der Studie des Deutschen Tourismusverbandes sind als GmbH organisiert, 16% als Verein und 28% als städtisches Amt bzw. Eigenbetrieb. Dabei ist das Tourismusmarketing vieler Städte ein direkter Bestandteil eines umfassenden Stadtmarketings geworden und wird immer stärker an dieses gebunden. Etwa vier Fünftel der Städte legen ihren Entwürfen bereits einen jährlichen Marketingaktionsplan zugrunde. Aber nur rund 40% der Städte arbeiten mit strategischen Marketing- bzw. Tourismuskonzepten (vgl. DTV 2006a: 16). Den Städten stehen für Marketingmaßnahmen meist nur sehr knappe Etats für den Bereich Tourismus zur Verfügung. Nicht selten werden diese im folgenden Jahr sogar gekürzt, daher „sind bei der Entwicklung zukunftsfähiger Aufgaben- und Finanzierungsmodelle sowohl die Tourismusmarketingorganisationen als auch die Kommunen und die Privatwirtschaft vermehrt gefordert" (DTV 2006a: 16), gerade weil die Aufgaben im Tourismus angesichts sich weiter differenzierender Zielgruppen zunehmend anspruchsvoller werden.

4.   Fazit und Ausblick

Die Reisehäufigkeit der Deutschen hält sich seit einigen Jahren konstant auf einem hohen Niveau, eine angestiegene Urlaubsdauer, das vermehrte Aufkommen von Zweit- und Drittreisen, sowie ein breites Angebot an kostengünstigen Kurzreisen aus den Bereichen Event-, Kultur- oder Städtetourismus allgemein tragen verstärkt dazu bei. Zu den bedeutendsten angebots- und nachfragebezogenen Trends gehören u.a. eine Zunahme des Wettbewerbs, ein starker Zuwachs an reisenden Senioren im Vergleich zu Jüngeren und Familien, immer mehr Städtetouristen mit spezifischen Reiseinteressen sowie qualitätsbewusster und preissensibler werdende Kunden. Der Städtetourismus gehört trotz angespannter Wirtschaftssituation zu den wenigen Segmenten in denen die Nachfrage noch nicht voll ausgeschöpft ist. Dabei können Zuwächse primär aus dem Ausland erwartet werden (vgl. DTV 2006a: 19).
Die Daten der Reiseanalyse des Deutschen Tourismusverbandes zeigen aber ebenso, dass die Städte durch das Entwickeln neuer Reiseanlässe eine verstärkte

Nachfrage auch aus dem Inland generieren können. „Gerade für kleinere Städte bzw. solche, die nicht zu den Top-Destinationen gehören, kommt es darauf an, durch außergewöhnliche und attraktive Angebote in hervorragender Qualität zu guten Preisen und durch besonderen Service auf sich aufmerksam zu machen" (DTV 2006a: 19).

Außerdem wird es zukünftig von enormer Wichtigkeit sein, dass Standort-, Stadt- und Tourismusentwicklung noch enger miteinander zusammenarbeiten. Denn eine Stadt kann nur dann einen wirtschaftlichen Nutzen aus dem Fremdenverkehr ziehen, wenn die Lebens- und Aufenthaltsqualität in der (Innen-) Stadt hoch ist. Ohne sie lässt sich eine Stadt nur schwer vermarkten, darum sind attraktive historische Innenstädte, gepflegte Grün- und Parkanlagen, eine gute Erreichbarkeit der Stadt mit öffentlichen Verkehrsmitteln genauso wie ein vielfältiges Kultur- und Freizeitangebot grundlegende Voraussetzungen für ein erfolgreiches Tourismusmarketing, von dem letztendlich ebenfalls die Bewohner der Stadt profitieren (vgl. DTV 2006a: 19). Dabei werden auch die „tourismusrelevante Wirtschaft (Gastgewerbe, Kulturanbieter, Einzelhandel, Sport- und Freizeitgewerbe, etc.), die Tourismuspolitik auf der Bundesebene sowie die kommunale Politik und Verwaltung" (DTV 2006a: 20) zu gefragten Partnern für die Tourismusbeauftragten. Letztendlich dürfen die natürlichen Potentiale einer Stadt nicht unberücksichtigt bleiben, sondern sollten in ein zukunftsfähiges Marketingkonzept integriert werden. Somit ist es möglich, mit Hilfe der bereits erläuterten Trendrichtungen ein eigenständiges und erfolgreiches Städteprofil zu schaffen und sich auf diese Art von anderen Tourismusstädten zu unterscheiden.

Literaturverzeichnis

Altherr, J., Buch, B. & Pinten, A. (2003): Neue Tourismustrends in Deutschland als Potentiale des Städtetourismus – betrachtet am Beispiel der Stadt Frankfurt am Main. In: Troeger-Weiß, G. (Hrsg.) (2003): „Wenn einer eine Reise macht...“ Neue Tourismustrends in Deutschland am Beispiel der Fremdenverkehrssegmente Kletter- und Städtetourismus. Arbeitspapiere zur Regionalentwicklung, Heft 3. Technische Universität Kaiserslautern.

Landgrebe, S. & Schnell, P. (Hrsg.) (2005): Städtetourismus. München: Oldenbourg.

Leibniz-Institut für Länderkunde (IfL) (Hrsg.) (2000): Nationalatlas Bundesrepublik Deutschland, Bd. 10, Freizeit und Tourismus. Spektrum Akademischer Verlag GmbH Heidelberg – Berlin.

Verband Deutsches Reisemanagement e.V. (VDR) (Hrsg.) (2007): VDR-Geschäftsreiseanalyse 2007, Frankfurt/Main.

Webseiten

Deutscher Tourismus Verband e.V. (DTV) (Hrsg.) (2006a): „Städte- und Kulturtourismus in Deutschland". Kurzfassung. http://www.wissen.dsft-berlin.de/Grundlagenuntersuchung_%E2%80%9EStaedte_und_Kulturtourismu/Info-43-382-4-4.0.html – Letzter Zugriff am 25.02.08

Deutscher Tourismus Verband e.V. (DTV) (Hrsg.) (2006b): „Städte- und Kulturtourismus in Deutschland". Langfassung. http://www.wissen.dsft-berlin.de/Grundlagenuntersuchung_%E2%80%9EStaedte_und_Kulturtourismu/Info-43-382-4-4.0.html – Letzter Zugriff am 25.02.08

Deutsche Zentrale für Tourismus (DZT) (Hrsg.) (2007): Jahresbericht 2006. http://www.deutschland-tourismus.de/pdf/jahresbericht_2006_DEU_gesamt.pdf - Letzter Zugriff am 14.03.08

Deutsche Zentrale für Tourismus (DZT) (Hrsg.) (2008): Incoming-Tourismus Deutschland, Edition 2008. Zahlen, Fakten, Daten 2007. http://www.deutschland-extranet.de/pdf/DZT_Incoming_Brosch_2008_WEB.pdf - Letzter Zugriff am 17.03.08